十万个为什么
科学绘本馆
（第一辑）

中国工程院院士　曾溢滔
上海交通大学特聘教授　曾凡一　主编

驯化的故事

为什么世界上有这么多种狗？

沈梅华 文　李茂渊 叶梦雅 图

少年儿童出版社

让孩子在艺术中欣赏世界，在科学中理解世界
——《十万个为什么·科学绘本馆》主编寄语

曾溢滔 院士

　　遗传学家，上海交通大学讲席教授，上海医学遗传研究所首任所长，1994年当选为首批中国工程院院士。长期致力于人类遗传疾病的防治以及分子胚胎学的基础研究和应用研究，我国基因诊断研究和胚胎工程技术的主要开拓者之一。《十万个为什么（第六版）》生命分卷主编。

曾凡一 教授

　　医学遗传学家，上海交通大学特聘教授，上海交通大学医学遗传研究所所长。国家重大研究计划项目首席科学家，教育部长江学者特聘教授，国家杰青。主要从事医学遗传学和干细胞以及哺乳动物胚胎工程的交叉学科研究。《十万个为什么（第六版）》生命分卷副主编，编译《诺贝尔奖与生命科学》《转化医学的艺术——拉斯克医学奖及获奖者感言》等，任上海市科普作家协会副理事长和上海市科学与艺术学会副理事长等社会职务。

　　《十万个为什么》在中国是家喻户晓的科普图书。1961年，第一版《十万个为什么》由少年儿童出版社出版发行，60余年间，出版了6个版本，成为影响数代新中国少年儿童成长的经典科普读物，被《人民日报》誉为"共和国明天的一块科学基石"，为我国科普事业做出了重大贡献。如何将经典《十万个为什么》图书产品向低龄读者延伸，让这一品牌惠及更为广泛的人群，启发孩子好奇心，满足不同年龄层、不同知识储备的青少年儿童读者需求，成为这一经典品牌面临的机遇与挑战。

　　科学绘本兼具科学性与艺术性，这种图书形式能够将一些传统认为对儿童来说难以讲述、深奥的科学知识用图像这种形象化、更具吸引力的艺术形式呈现。科学绘本这一科学讲述形式对于少年儿童读者来说，具有极大的吸引力，使少年儿童读者乐意迈出亲近科学的第一步，并形成持续钻研科学的内驱力，在好奇心的驱动之下，他们有意愿阅读更多、更深入、更专业的书籍，在探索科学的道路上披荆斩棘。少年强则中国强，从小接受科学洗礼的孩子们，最终必将为我国的科学事业贡献出自己的力量。

　　《十万个为什么·科学绘本馆》在以下这些方面力图取得创新。

　　1.构建绘本中的中国世界，宣传中国价值观，展现中国科技力量。

　　《十万个为什么·科学绘本馆》中所出现的场景、人物形象立足中国孩子的日常生活，不仅能够让中国儿童在阅读中身临其境、产生共鸣，也有助于中国儿童学习我国的核心价值观与民族文化，建立文化自信。

　　2.学科体系来源于《十万个为什么（第六版）》的经典学科分类。

《十万个为什么·科学绘本馆》的学科体系为《十万个为什么（第六版）》18 册图书的延续与拓展。可分为"发现万物中的科学（数学、物理、化学、建筑与交通、电子与信息、武器与国防、灾难与防护等领域）""冲向宇宙边缘（天文、航空航天等领域）""寻找生命的世界（动物、植物、微生物等领域）""翻开地球的编年史（古生物、能源、地球等领域）""周游人体城市（人体、生命、大脑与认知、医学等领域）"五大领域。

3. 科学绘本故事与"十万个为什么"经典问答的新型融合，由浅到深进入科学，形成科学思维。

《十万个为什么·科学绘本馆》每册一个科学主题。先有逻辑分明的科学故事带领小读者初步了解主题、进入主题，后有逻辑清晰、科学层次分明的"为什么"启发小读者在此主题下发散思维，进一步探索和思考。

4. 遇见——深化——热爱，借助艺术的力量让孩子爱上科学。

在内容架构方面采用树状结构，每册图书均由"科学故事""科学问答""科学艺术互动"三大板块构成。通过科学故事带领儿童了解某一领域的科学主题，并进入主题，对主题产生兴趣；通过科学问答对主题进行演绎，促发科学思维构建；通过《科学艺术互动手册》帮助孩子以动手动脑、艺术探索的方式进一步深化主题，突破传统绘本极限。

5. 科学家、科普作家与插画家的碰撞与创新。

《十万个为什么·科学绘本馆》的创作团队采取了科学家、科普作家以及插画家的模式。绘本的文字部分由来自世界各地的优秀中青年科学家、科普作家担纲创作，插画部分由中国中青年插画家执笔完成，实现了科学严谨、艺术多元的创作理念。

《十万个为什么·科学绘本馆》以科学绘本这种形式，契合当代儿童读者的阅读偏好。以"科学故事""科学问答""科学艺术互动"三步走的架构，构建出对儿童进行科学教育和艺术教育的有效启蒙途径。以覆盖全科学的策划理念为儿童提供多学科学习和跨学科学习的阅读工具。

《十万个为什么·科学绘本馆》将借助数字化时代多样化的技术手段，突破传统图书范畴，以覆盖线上线下的科学绘本课、科学故事会、科学插画展等形式，为我国少年儿童科学普及探索符合时代潮流的新通路。将科学普及工作有效地面向更广阔的人群，特别是广大少年儿童，为实现全民科学素质的根本性提高，推动我国加快建设科技强国、实现高水平科技自立自强做出贡献。

　　我是狼，漆黑的地洞是我出生的地方。和哥哥姐姐不同，我不强壮，总是吃不饱。不过只要闻到妈妈的气味，我就安心了。

爸爸虽然不像妈妈那样一直陪着我们，但我知道它就在不远处，我们很安全。直到那一天，爸爸和妈妈再也没有回来。

我们等了又等，等了又等，
好饿，好冷……

突然，我闻到了从来没闻到过
的其他生物的气味，身体飞了起来。

我看不见，听不清，在摇摇晃晃里，
睡了一觉又一觉。

但我知道，我离开了出生的地方，
到达了……更大的世界！

刺鼻的木头燃烧味和着人类的气味钻进我的鼻孔，
我抖了抖鼻子，睁开了眼睛。
　　我居然来到了人类的世界！

男孩给我吃好吃的东西，陪我玩，和我一起长大。
虽然我常常想念爸爸妈妈，但我也喜欢新生活，喜欢
和男孩在一起的每一天。

但是，我的哥哥姐姐们总想离开，它们希望"回家"。

哥哥姐姐离开了一次又一次，有时它们带着伤回来，有时就再也不见。也许它们有了自己的狼群，成为和爸爸妈妈一样的狼，找到了自己的"家"。

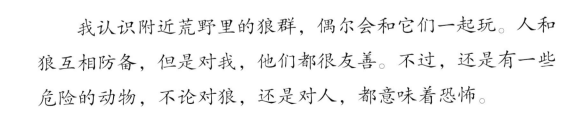

　　我认识附近荒野里的狼群，偶尔会和它们一起玩。人和狼互相防备，但是对我，他们都很友善。不过，还是有一些危险的动物，不论对狼，还是对人，都意味着恐怖。

那天，我和男孩去采蘑菇。我正探索着老鼠的洞穴，想抓一只来吃。突然，风向变了，我闻到空气里一丝危险的气味。

熊！这片丛林里最危险的动物，出现了。
太可怕了，我在发抖，我想逃跑！

可是，他是我的同伴，我要和他一起并肩战斗。
这次，轮到我保护他了。

　　虽然我和男孩都受了点小伤，但部落里的人都
钦佩我的勇敢，他们与我结盟，一起打猎，一起
分享食物。

我还成为了妈妈，也真正成了人类中的一员。

这就是一万年前我的故事，是我和人类相遇的开始。现在，我的后代依然带着我对男孩的眷恋，陪伴在他的后代身边。

为什么说世界上其实没有"狗"？

狗和狼是同一种动物，狗只能算狼的一个亚种。大家熟悉的金毛、哈士奇、吉娃娃等只是狗的不同"品种"。

世界上有多少种狗？

世界各地培育出来的犬种现在有700~800个，其中被世界犬业联盟正式认可的有325种。

为什么现在有这么多种狗？

我们现在熟悉的犬种大部分都是从19世纪开始选育出来的。不同的人喜欢不同的狗，有的人想要温柔可爱的陪伴犬，有的人想要让凶猛的狗来看家护院，而用来拉雪橇的狗则需要身强体健……人们会选择那些具有自己想要特征的狗，让具有这些特征的狗生下后代，再继续挑选具有自己想要特征的狗，一代一代筛选后，某个品种的狗就出现了。

最小的狗：吉娃娃

身长只有约9.65厘米，重约170克。

最高大的狗：大丹犬

　　站立高度可达220厘米，体重约 111 千克。

犬吠声音最大的狗：金毛猎犬

　　它也是最友善的狗。

中国有哪些狗的品种？

昆明犬

它们是中国使用最广泛的警犬之一，能适应高原和极端的气候条件。

中国沙皮犬

这是一种源自中国南方的传统犬种，它们的毛又短又硬，摸起来手感粗糙，像砂纸一样。

松狮犬

它们是世界上最古老的犬种之一，至少有 2000 年历史，汉代文物中就能看到它们的身影。它们的舌头是蓝色的哦！

这 5 种狗，再加上北京犬、西藏梗、八哥犬、西藏猎犬、拉萨狮子犬、中国冠毛犬，共 11 种狗，是被中国工作犬管理协会（CWDMA）注册登记或进入《国家畜禽遗传资源目录》及在世界犬业联盟（FCI）注册登记的中国本土犬种。

藏獒

"獒"在古汉语中是"巨大的狗"的意思，它们凶猛异常又忠心护主，是牧民保护家产及牲畜的重要伙伴。

西施犬

西施犬的祖先是拉萨犬——一种非常古老的小型犬种。拉萨犬和西施犬都以长毛为主要特征，人们口中的"狮子狗"这个称呼，一般指的是这两种犬。

为什么人类要驯化动物?

驯化动物为人类提供了食物,比如肉、蛋、奶、蜜;提供了衣物原料,比如丝绸、皮革、绒毛、羽毛。动物粪便可以作为肥料;一些大型动物还能用来骑乘;还有的动物成为宠物,为人类提供陪伴。而驯化植物使人类进入了农业文明,大大推动了人类社会的发展。

为什么折耳猫的耳朵是弯折的?

这是因为它们天生带有的遗传病——软骨骨质化发育异常造成的。它们从 2 个月大开始,就会逐渐出现骨质增生、骨刺等问题,直到瘫痪。这种遗传病无法根治,只会逐渐恶化,所以折耳猫的寿命只有正常猫的 2/3 左右。而这种遗传病正是人类的驯化带来的。

驯化对动物有什么好处?

动物在被人类驯化的过程中付出了巨大的代价,但它们也得到了好处,比如它们的种群数量和人类一起得到了极大的扩张,并且伴随着人类的脚步,它们的子孙扩散到了世界各地。

人类是怎么驯化猫的?

虽然我们认为是人类驯化了猫,但其实可能是猫选择了人类!约 1 万多年以前,新月沃土的人类开始了农业生活,也开始储存谷物,这引来了老鼠。于是,猫发现跟着人类会有丰富的捕猎机会,就慢慢和人生活在了一起。虽然在这漫长的时间里,猫也发生了一些改变,但是它们同时也驯化了人类,使人们变成了"猫奴"。

驯化会让动物发生什么变化?

　　被驯化的动物可以允许人类离自己更近。牛、猪等动物比野生的亲戚体形变小了，而马、鸡等动物体形变大了；绵羊和羊驼不再长出粗硬的针毛，而是让柔软的羊绒越长越厚；猪失去了獠牙，脂肪变多了。狗不仅演化出了能听从主人指示的能力，连眼部肌肉都发生了变化，这样就能做出更多表情，吸引人类的注意。

驯化会给动物带来什么伤害?

　　在人类对动物的选育过程中，为了选出带有某种特点的动物，常常会近亲交配，这导致一些驯养动物品种严重缺乏基因多样性，结果就是一些纯种动物罹患某种特定疾病的几率大增。比如拉布拉多犬臀部经常出问题，金毛猎犬容易患癌症，等等。

为什么人类会得"猪流感"?

　　能感染人类的某些病毒原本只生活在其他动物身上，是人类驯化动物给了它们感染人类的机会。比如流感病毒原先存在于猪和鸭等动物身上，是人类对动物的驯化拉近了我们和动物之间的距离，也使我们接触到这些疾病。再加上人类驯化动植物使得人类从原先的分散狩猎的生活方式转变为聚居式，人口密度渐渐增大，也就使这些疾病更加容易传播。

图书在版编目（CIP）数据

驯化的故事：为什么世界上有这么多种狗？ / 沈梅
华文；李茂渊，叶梦雅图. —上海：少年儿童出版社，
2023.1
（十万个为什么. 科学绘本馆. 第一辑）
ISBN 978-7-5589-1554-3

Ⅰ. ①驯… Ⅱ. ①沈… ②李… ③叶… Ⅲ. ①犬—儿
童读物 Ⅳ. ① Q959.838-49

中国版本图书馆 CIP 数据核字（2022）第 231914 号

十万个为什么·科学绘本馆（第一辑）

驯化的故事——为什么世界上有这么多种狗？

沈梅华 文

李茂渊 叶梦雅 图

陈艳萍 整体设计
赵晓音 装帧

出 版 人 冯 杰
策划编辑 王 慧

责任编辑 王 慧 美术编辑 赵晓音
责任校对 沈丽蓉 技术编辑 谢立凡

出版发行 上海少年儿童出版社有限公司
地址 上海市闵行区号景路 159 弄 B 座 5-6 层 邮编 201101
印刷 深圳市福圣印刷有限公司
开本 889×1194 1/16 印张 2.25
2023 年 1 月第 1 版 2024 年 5 月第 3 次印刷
ISBN 978-7-5589-1554-3 / N · 1249
定价 38.00 元